# 韩琦山水盆景艺术

韩琦 著

中国林业出版社
China Forestry Publishing House

**图书在版编目（CIP）数据**

韩琦山水盆景艺术 / 韩琦著. —— 北京：中国林业
出版社，2023.8

ISBN 978-7-5219-2267-7

Ⅰ. ①韩… Ⅱ. ①韩… Ⅲ. ①盆景—观赏园艺—中
国—图集 Ⅳ. ①S688.1-64

中国国家版本馆CIP数据核字（2023）第150777号

责任编辑：张　华
封面题字：蔡庆春
封面设计：刘启付
装帧设计：黄山玮

出版发行：中国林业出版社
　　　　　（100009，北京市西城区刘海胡同7号，
　　　　　电话83143566）
电子邮箱：cfphzbs@163.com
网址：www.forestry.gov.cn/lycb.html
印刷：北京博海升彩色印刷有限公司
版次：2023年8月第1版
印次：2023年8月第1次印刷
开本：889mm×1194mm　1/16
印张：11.5
字数：250千字
定价：220.00元

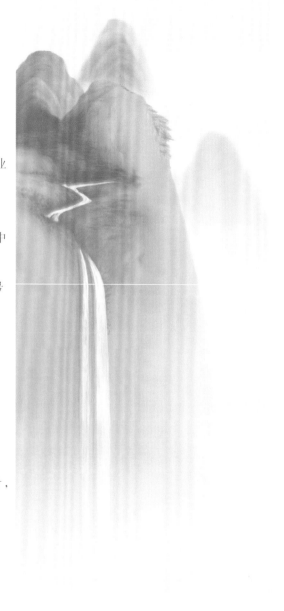

# 韩 琦

　　1961 年 10 月生于安徽涡阳，汉族，落居长沙。国家一级注册高级园林工程师，中外著名的山水盆景艺术家、中国当代独具特色的创新山水盆景第一开创人，国内一流庭山造园艺术大师。湖南韩琦时代园林景观工程有限公司技术总监，湖南庭山造园古建园林有限公司技术顾问，安徽浩枫园林景观工程有限公司艺术总监，长沙南岳韩琦盆景艺苑园主。至今在专业的报纸杂志上发表过上百件盆景佳作，且大多数被业内知名人士收藏。多次在国际、国内盆景大赛展会上荣获大赛特别奖、特殊贡献奖以及金奖、银奖、荣誉奖等。

　　幼时即萌生对地理、地质、美术之兴趣，随岁增而志趣愈浓，以自然素材为根，以传统文化为枝干，四十多年来耕耘不断，以创新之心巧剪精修，内外兼修，在效法自然、学习传统的基础上，擅长对山水盆景、树桩盆景、水旱盆景材料和技法上的创新，不断突破自我，作品新意频出，自然和谐，出神入化。饱含真善美的人性之光和扑面而来的时代精神，为传播和提升山水盆景与水旱盆景文化作出巨大贡献。

# 绿水青山就是金山银山

天地有大美。盆景艺术源于自然，聚天地之灵气，集日月之精华，致广大而尽精微，景有尽而意无穷，达到"人与自然相亲和，独与天地精神相往来"的艺术境界。

# 静瑞盆景艺术

传刚书

BCI国际盆景大师　中国盆景艺术大师　刘传刚先生　题字

# 韩琦盆景艺文集

中国美术史教授　中国文化书院导师　刘传铭先生　题字

# 韩琦盆景艺术

中国著名盆景艺术家　李飙先生　题字

# 序一

　　山水盆景是中华文化艺术宝库中的一朵奇葩。它有咫尺之内而瞻万里之遥、方寸之中乃辨千寻之峻的艺术魅力，故深受人们的喜爱。20世纪五六十年代，山水盆景步入了黄金时代，佳作不断，人才辈出。而近十几年来，无论全国还是地方的盆景展览中，山水盆景的比例正日益下降，其发展状况仿佛遇到了瓶颈。仔细思量，已处在"百尺竿头"，还要更进一步，难度是越来越大了。可喜可贺的是，近年来，韩琦先生创作的山水盆景多次在全国盆景大展中脱颖而出，屡获金奖、银奖、特殊贡献奖等，在盆景界引起了广泛的关注。

　　我在展会上与韩琦先生相识，多次交谈后，才得知他所取得的成绩实属来之不易。韩先生40余年如一日，坚持不懈，厚积薄发。他既博览众多的盆景专著，又遍访大师名家虚心请教，还游历名山大川向大自然学习，在此基础上，韩先生经过长期潜心钻研，不断创作，终于水滴石穿修成正果。

　　韩琦先生是长沙南岳盆景艺苑园主，他的盆景技艺精湛全面。无论树木盆景、水旱盆景、挂壁盆景，都有佳作呈现，而以山水盆景创作最为擅长。就山水盆景而言，他的作品中或壁立千仞、崇山峻岭，或远山逶迤、岛礁隐现……千姿百态，精彩纷呈。特别是近年来，韩先生创作了一批思想性和艺术性并重，弘扬时代主旋律的山水盆景，它寓教于景，能焕发观众的爱国激情。例如中国共产党建党100周年之际，韩先生创作了《延安颂》《南湖览胜》等有时代新貌的山水盆景作品，受到了观众的好评，荣获了大会颁发的特殊贡献奖。创作此类盆景，既不能牵强，又不能完全政治说教，更不能像模型一般，其分寸是很难拿捏的。我认为进入了新时代，创作这类盆景是值得提倡，且要勇于探索的。

　　最近，韩先生又创作了"春、夏、秋、冬"四盆大型具有时代感的盆景，还计划编纂出版《韩琦山水盆景艺术》一书。我深信该书的出版将对中国山水盆景的发展带来生机和活力，一定会深受广大读者的欢迎。

世界盆景友好联盟名誉主席　胡运骅

2022.11

# 序二

盆景起源于中国，植根于博大精深的中华文化，是以植物、山石、土壤等自然材料为载体，浓缩大美自然景观于盆盎之中，并借景抒情写意，"天人合一"有生命的视觉艺术，被称为"立体的画，无声的诗"。

改革开放以来，中国盆景得到空前的快速发展，但相对于树木盆景而言，最具中国特色的山水盆景，似乎受到多种因素的局限而有些滞后。专心致力于山水盆景的探索研创者为数不多，韩琦先生就是其中的佼佼者之一。

韩琦先生给我的印象，就是一位朴实而有点执着的民间艺术名家，他幼小时就对自然界的山山水水、田野风光倍感兴趣，并凭着那执着的精神，几十年如一日，坚持不懈地追求不同类别的盆景艺术，特别钟情于山水盆景与水旱盆景，为此曾多次亲身考察风景名胜，领悟自然界山水奇观，并拜访名师高手，学习借鉴中国画理，掌握山水盆景创作要领，结合自身高级园林工程师专业，经过多年的积累沉淀升华、勤于动手、持之以恒，创作出数量可观的山水盆景作品，其中佳作频出，不乏精品，将自然景观与园林造景技艺按比例缩减容纳于山水盆景中……如今又把作品心得汇集成《韩琦山水盆景艺术》一书，与业界同仁交流分享。这种执着追求、默默耕耘的精神难能可贵。

纵观韩琦先生的山水盆景作品：立足自然、讲求气韵、注重细节、勇于创新，整体布局以及山体及岸线线条处理都有独到之处，颇具个性，对石料的加工粘连认真熟练，创作逼真，特别是敢于打破常规，在作品中配置现代的建筑及桥梁、道路、车船等配件，体现出时代新貌，勃勃生机。

该书的出版，定能引起更多的盆景爱好者对中国山水盆景的关注和重视，有利于推动中国盆景更好发展，也相信韩先生的山水盆景技艺随着时间的推移定当日益精湛，更上一层楼！

中国盆景艺术大师 郭永泰

2022. 11. 7.

# 序三

当代中国盆景艺术创作群贤中，凭将拳石树木绘声时代、贯应生气者当数南社宿硕、"鸳鸯蝴蝶派"扛鼎、中国盆景艺术大师周瘦鹃的《劳者自歌》《江山如此多娇》、中国盆景艺术大师汪彝鼎的《长城万里图》和中国盆景艺术大师贺淦荪的《海风吹拂五千年》和"风动盆景"最为诱人共鸣、脍炙人口和活色生情。这些恒久不衰的时代放歌作品和励后勉进的创新范典，为新时期盆景艺术的飞扬神采、拓途开展肇启了一线浩然明光。他们比肩了中国画界新金陵画派傅抱石、钱松嵒、宋文治先生等讴创的新中国划时代畅想，让盆景艺术真正脉切了奋进中国的律动，发古老国粹之悠悠而怦然纳新。

近代中国文化先驱、山水画巨匠、南社黄宾虹先生论画之变法有云：山水的美在"浑厚华滋"，花草的美在"风健婀娜"。笔墨重在"变"字，只有"变"才能达到"浑厚华滋"和"风健婀娜"。明白了这一点，才能脱去凡俗。此所谓"变"者，乃创新之实。余与韩琦君皆有基故图新之尚好。亦因其承故有传、向新守度的崇文趋志而牵系了吾俩相友心传，意会畅欢而订谊有期。我最称道韩公的《时代新貌》现代题材山水盆景，城郭碧楼千岭低，云间高架万户依。好一座唯美的山城，诗画个中却未匠失盆景艺术的美学本质。当时确实唤醒了我的视觉自觉，不由地随景入情了一回。

基于相同的共鸣，吾等的话题建立有广泛的语境，或常有征论六宜、模山范水；或叙妙四时、汉囿晋风……其实韩君还具旁技博汲式的"筑山造势、冶壑炼皴"之构章招数，或谓山水传统步实得认认真真的坚守者，他那些美得可以留恋的圣山丽水便可圈点出风骨秉承的话题。而作品中因导出的"人间趣话"之泻瀑，之涧音，之伟荡，之行物；还有大千烟火与楫舲，淡湾江矶与村渡，工巧策弄近乎极尽，立韵入法上追适如。

嗟乎，韩琦先生的艺缮玉积是可敬的，感佩其帷幄的外师成化能力和律己的学养底子，也将殷殷期待韩君源源不竭地创作出更多新作来悦动时代。是为序，癸卯新正元宵南社砚罾翁张夷于绿玉青瑶馆。

中国盆景艺术大师　张夷

万丈融峰插紫宵，路当穷处架仙桥。
上观碧落星辰近，下视红尘世界遥。
　　　　——出自宋·黄庭坚《衡山》

**题 名：南岳独秀**　　　　　　　　　　**作 者：韩 琦**

**材 种：白云石、真柏、薄雪万年青、苔藓**　　**规 格：盆长180cm**

南岳韩琦盆景艺术博物馆

# 目录

# 畅谈从风景到盆景的创作思路与技艺创新

2020年10月，韩琦先生在长沙盆景园修剪树桩盆景

创作盆景随春到，春风戴梦启新程。创作山水盆景一定要带有丰富的感情色彩，山连平地起，景从山中生，这就是见景生情。

我生于1961年10月，老家位于皖北平原涡阳县城东北17km处韩古村，那里一马平川，是没有山地的乡村，在我幼小的时候听说过山景，也听说过盆景，但没有见到。童年时期和少年时代就爱读地理书籍并时常描画山河，以至于梦见山河美景，就用黄泥土试做山形，还时常去村西北9km的3个小山丘上捡石头。至今仍旧依恋山河，亲近自然美景，常脚踏深山野林，身临实景，妙取自然，将祖国大自然的风光秀水采用以盆改天的手法进行缩影，制景进盆。

山水盆景是大自然界景观的微缩，是将其集中、提炼和再造的过程，引发观者对自然之美的神往和想象，怡情养心、有益健康，给人一种精神上的享受和日常生活的乐趣。山水盆景可以说是中国盆景中2000多年独有的形式，山与水，最能展现中国文化的精髓。《论语》中，孔子提出"智者乐水，仁者乐山；智者动，仁者静；智者乐，仁者寿"的观点。在儒家看来，自然万物应该和谐共处。作为自然的产物，人和自然是一体的。新时代、新气象，随着人们生活水平的提高，人们对美好事物的向往和追求愈加浓烈，人们越是了解山水盆景，自然也就越是喜爱它。

随着我国经济的发展和人民生活水平的不断提高，人们也越来越注重家庭环境氛围的营造，追求更高品质的美好生活，盆景布置逐渐成为人们装点生活的理想方法之一。例如，仲济南先生曾说，现在生活水准、欣赏品位均不同于以往，如果还是使用传统的低质量的山石来制作山水盆景，肯定是满足不了受众需要的。

山水盆景又称水石盆景、山石盆景，是利用自然界中风化有形、形状适可、能改动组合的"荒岩野石"作为山水盆景制作材料。以多年来收藏的不同类别的整体山型石来制作山水盆景，并且经常深入山石产地，寻觅奇峰异石，有少量是从石商手里高价买的，这为盆景的创新奠定了基础。有些石种气势大度、沧桑自然，是赏石界争相寻觅

2016年，韩琦先生历时半年，对创新山水盆景《时代新貌》进行最后完善

之材。我新近创作的几幅水石盆景韵味、风格各不相同，巧夺天工、妙趣自然，看上去整体性强。山水神韵是大自然中最生动、完美的画卷，沉浸在高山秀水之间，心中顿觉一片澄明，什么人间烦恼、忧伤失意，有如山中飘渺的风一样，消失得无影无踪了。

山水盆景是盆景制作的一种重要形式，其盆内塑造的山川风光富有诗情画意，拓宽我们每个家庭的审美视野，提供感性的装饰材料。静观山水盆景，或奇峰险绝，或清水秀山，自然与人为巧妙地结合，作品结构、线条、空间、对比，无一不是匠心独运；盆中所展示的气势、神韵，让人们对大自然更生敬畏之心。盆景艺术汇集了自然美与人为美的巧思，展现了祖国无处不在的美好河山，用山水盆景形式再现对象，寄托我们对大自然无比的眷恋与崇敬之情。

山水盆景在制作中除了参考真山实水，还须借鉴中国山水绘画之章法，如构图布局、空间营造、意境思想等。山水盆景是手工技术与审美艺术的融合，是抽象与具象、现实与虚幻的结合。山水盆景以石为创作主体；同一盆作品中采用同一石种，要注意颜色、纹理的一致性，经过认真选料、周密构思、巧妙施艺，将心中印存的大自然，以盆改天，把名山秀水、怪石奇岩浓缩到咫尺山水盆内，"抽象"反映出真山实水的生动效果；再在石

石块切割

构图布局

栽种植物

上栽种比例合宜、疏密得体、遒劲苍翠的小树桩，略施绿苔，点缀亭台屋宇，水中泊于船筏，盆下配以红木几座，成为一幅实实在在的大型山水风景，具有独特的艺术魅力以及和谐的艺术效果。

在盆景制作中没有审美，是难以展现盆景的艺术魅力的，更不能成就一件盆景佳作。在盆景创作的同时一定要多观察自然界的古朴风貌，巧夺天工。中国近现代著名山水画家黄宾虹说"中华大地无山不美，无水不秀"，例如自然界中的云南阿诗玛石林有头顶巨石的神貌，张家界石林有奇峰林立的风采，桂林的丽水之秀等各有奇异，自然界中的神韵按一定的比例缩小，加上艺术性的创作，出奇制胜地表现在盆盎里，让观赏者一饱眼福，这就是中国山水盆景的真实再现。

造型艺术要求总体效果的完整性，特别是硬石山水盆景的造型，由好多山石通过多种方法组合而成，更要有整体感，不能单纯认为上观峰下观脚，而使山脚庞杂，不少爱好者见石料弃之可惜，有多少都尽量投入盆内，以至冲淡了主题效果，造成头轻脚重，画面反而显得破碎。防止山脚的散漫要控制好上下之间的比例、比重和呼应关系，衬托其盆内的虚实变化。山的上部属实，要有精神气质，山的下部属虚，要求活泼多变，上下形成丰富的对比变化及均衡关系。尤其硬石布局中不能以小积大，要先主后次，先大后小。山脚设置要以少胜多，达到多一不行，缺一不可，在画面中呈现出至美效果。在构图布局时，须注意相互位置的交错换位，避免边角形的运用，如梯形的排列、尖角小端朝上、兜脚出现、等差对称、金字塔式构图等，这样会使人感觉单调、刻板、静止、缺少形的变化，因此要尽量避免。

我坚持山水盆景创新探索四十余年，积累了一些实践经验供广大盆景爱好者和专业创作者参考应用。我愿为我国盆景事业的创新发展尽些绵薄之力。现介绍几种造法如下：

## 一、瀑布制作：（清秀透丽）

①采用白大理石条子雕刻成凹凸不平的石水线，然后夹在山溪的裂缝中。没有裂缝的石头用机器切割，雕刻琢磨成水线条，在镶嵌住白石块后用盐酸水过渡一下，此石就漂白似水了。

②还有另一种技巧，先用潮湿的白水泥涂抹在山石上，再用玻璃贴靠在涂抹的白水泥之上，使玻璃粘牢在裂缝中，形成波光粼粼的真实水路，即使在无活水灌入流动的情况下，看上去也似有漂流而下的瀑布流动。

## 二、池水创作：（清浊不浑）

①采用白大理石盆，切割绿色薄石块当底面，按需选择性地铺设在盆底，最后在盆体内注入清水，形成绿水青山。

②用氧化铁绿或铁蓝，混合少量水泥配制，调成水绿色搅拌涂抹于盆底处，等24小时后兑入清水则不浑浊，与自然湖泊相映生辉（忌用水混颜料，不透明）。

## 三、冰雪创作：（春雪未融）

①一般用真石本色如云雾石、海母石、雪花石和宣石等制作即可。

②另外，还有不同颜色的石头，如黑石、棕石等。这种石头要想制作成冰雪效果，就要用小筛箩筛动白水泥掉落在石头和盆体上，然后用小水雾喷壶喷潮此处，再用小筛箩筛动白石粉掉落于白水泥层面上，待水泥与白石粉凝固后就不会脱落，这样就和"冰雪"相映成趣。

木化碳石

九龙壁

龟纹石

皖北纹石

## 四、沙山创作：（刚柔和谐）

最好用黄色石块制作，层面上用氧化铁黄混合少量干水泥配料，然后用筛箩筛动黄粉掉落在表层上，再用雾水器喷湿，然后还用黄沙过箩落撒于此处过渡一下，就和原沙漠同色一体了。

## 五、山石挖孔：（沧桑自然）

有好多健康的整体山石就是没有凹陷处，不能栽种植物，要在山石的隐蔽处用金刚砂掺水钻孔，既不损伤石头表皮还能保持天然形状。

首先，从上面开一个小孔，然后用机子左右晃动，逐渐加大石孔，再在石头的背面用金刚钻头凿个小洞口，漏水以种植花草，用彩色水泥配成近似石色涂抹在洞口边，然后等洞口边水泥没硬时用真石头小块把石头纹理贴印于水泥之上，使得水泥上出现与真石头纹理一致的皱纹，到水泥凝固后就和原石头同纹同色了。

## 六、山石解体：（自然裂开）

①制作山水盆景还有多种硬质石料，如木化石、斧劈石等。要想破开石块怎么办？用钢铁架支起石头置于煤火正上方烤烧，时间约1小时，然后用冷水淋湿石块，再烧烤约30分钟，烧烤距离10~20cm处，烤好后再用锤子轻轻敲击几下，自然就解体裂开了。再用火气球和盐酸水涂烧过渡一下缝隙就不留痕迹了。

②然后，拼接石头时最好用水泥胶或耐火水泥，这样粘得牢、干得快、耐水性强不脱落。

③另外，水里整体石块还可以用玻璃胶黏附，但是不能拼接石块。粘贴好等24小时后才能放水使用。

弘仁《林樾寻梅图》立轴设色纸本
作于1658年

随着人民生活的富足，盆景艺术也在与时俱进，喜欢盆景和亲手制作盆景的人越来越多，各种类型和规模的盆景展览也在经常举办。可喜的是近年来在全国性或地区性的盆展中出现了不少优秀之作。在这些作品中，传统特征的流派减少了，新的面貌涌现了，无论在创意、构思、布局，还是在用料、用盆等方面均有新的突破。尽管在某些方面还存在缺陷和不足，但却让我们看到了盆景艺术创新的曙光。

创新必须在继承传统的基础上创新，要多看有关造型、布局的理论书籍。多看别人的盆景作品，以及其他门类的艺术作品。多动手、多动脑、多实践。要在赏析自己以及别人的作品中，逐步提升自己的技术水平和艺术修养。要敢于做新的尝试，继承传统并不等于用陈规旧律约束自己。所以我们倡导大胆尝试，不断改进，不断创新！

在盆景艺术范畴内，无论在用料、用盆、构思、布局以及新的技法等方面都可以大胆进行尝试，打开思路、开阔眼界，只有不断地尝试，新的作品才有可能出现。盆景艺术只有不断创新才有未来，希望大家共同努力，破除门户之见，携手并进，让传统的盆景艺术在新的时代浪潮中大放异彩、欣欣向荣！

黄宾虹（1865—1955）《摄山秋叶》
立轴 设色纸本 68.5cm×34cm

韩琦山水盆景艺术

# 山河四季 锦绣长

—— 韩琦长幅山水盆景欣赏

春風萬里雲雀暖

# 春风万里云崖暖

作者：韩琦

规格：盆长660cm

用材：龟纹石、天然白色大理石盆、黄杨、虎刺、迎春、真柏、薄雪万年青

　　此长幅盆景作品主山用大块天然龟纹石，搭配同样小块自然整体石，根据桂林漓江叠彩洞之神韵创作而成。用方韵线条变化来组合山形，是山水盆景最富有代表性的造景手法。象山是桂林山水的名片，漓江素有山清、水秀、洞奇、石美四绝之赞誉。自古以来，桂林山水甲天下，夸的就是桂林漓江的山水，漓江两岸山花烂漫、风景如画。当你泛着竹排漫游漓江时，感觉自己仿佛置于360°的泼墨山水画中，好山好水目不暇接。悠悠漓江水、浓浓民族情。桂林山水的美景巧妙融入盆盎中，巨岩险峰、碧水葱茏，山光水色相映生辉，引人探奇访胜！

# 秀在名山御笔峰

作者：韩琦

规格：盆长680cm

用材：龟纹石、黄杨、虎刺、迎春、真柏、薄雪万年青

此长幅盆景作品以龟纹石为主材，运用了高远与深远相结合的构图。灵感取自湖南张家界石林。有奇峰林立的风采，层峦感丰富稳重，山峰叠嶂明朗，山水之间浩瀚激荡、绮丽自然，峰林相连、碧水相映、高远雄浑，曲折幽胜而深远，情深意长，极富诗情画意。

25

无限风光在险峰

# 无限风光在险峰

作者：韩琦

规格：盆长680cm

用材：木化碳石、黄杨、虎刺、真柏、迎春、薄雪万年青

　　此长幅盆景作品，以木化碳石为材，高远法构图。灵感来自云南石林，有头顶巨石神貌的特征。块石方硬直立，石壁如雷劈斧砍，磊叠交错，群峰拔地而起，高耸入云，陡崖凌空，恍如仙人对峙论道、相望相依。石质如铁锈古铜，又似金秋夕照，雄浑苍劲、熠熠生辉。峰林静水，出神入化，呈现出一派风光无限、仙风道骨的石林山水长卷。

# 江山如此多娇

作者：韩琦

规格：盆长660cm

用材：白云石、黄杨、虎刺、迎春、
真柏、薄雪万年青

此长幅盆景作品再现了毛主席诗词"北国
风光，千里冰封，万里雪飘"的磅礴气势，以
天然白云石加上白石粉表现积雪，山体雄浑苍
劲、重峦叠嶂，林木迎风傲雪、层林尽染，村
舍牧牛散落其间。高处莽莽雪山、低处田园多
姿，使中国人的精神气概与山水气韵合一，呈
现出一幅具有浓郁诗情画意的壮丽山河风光。

建党百年

主题山水盆景欣赏

不忘初心
牢记使命

# 建党百年为主题的山水盆景引人注目

**党旗百年飘扬 建丰功伟业**
**山河千秋秀丽 展蓬勃英姿**

2021年6月21日至7月2日，作为第十届中国花卉博览会重大主题活动之一的"第三届中国杯盆景大赛"在上海市崇明区隆重举办。主办方从全国各地邀约10幅跟党建主题有关的盆景作品亮相花卉博览园百花馆，以浓缩版的绿水青山，喜迎建党百年，格外引人注目。

百花馆馆长林家骏说："我们在全国各地邀约了10幅跟党建主题有关的作品，主题里面既有南湖览胜、延安颂、铁索泸定桥这种历史风貌，也有延安城的新貌，展示我们党百年征程的波澜壮阔和百年初心的历久弥坚。"

笔者应邀创作了6盆建党百年题材作品，荣获大赛特别贡献奖和特别荣誉奖。

## 盛世中华

盘景：天安门
作者：韩琦
材料：绿花玉石、墨玉石、红玉石等石材雕刻以及金属配制
盘规格：长60cm

# 颂党百年锦绣披

文 | 韩琦

庆党百年仰党旗，思党辛劳为我黎。波澜何惧路艰险，壮阔神州锦绣披。
新时代路建功奇，初心不忘始终一。中华盛世铸丰碑，伟业复兴泰山移！

# 南湖览胜

作者：韩琦

规格：盆长160cm×80cm

用材：龟纹石、真柏、迎春、清香木、薄雪万年青、苔藓

嘉兴南湖，一艘红船，一方热土。

一百年来，当初承载着民族希望的小小红船将江南风景与波澜壮阔的中国历史连接，更是将过去、今天和未来连接在了一起。作品采用古朴的龟纹石搭配真柏、迎春进行创作。苍古细润的龟纹石浸透着南湖红船的灵气，千载留音，生生不息。苍劲有力的真柏老干虬枝势如游龙。湖心岛上亭台阁树，岛屿回廊，游人如织。背部楼群林立凸显时代气息。整幅作品近大远小，疏密相间，错落有致！

# 大渡桥横铁索寒

作者：韩琦

规格：盆长150cm×68cm

用材：龟纹石、迎春、薄雪万年青、苔藓

泸定铁索桥是奔流在四川西部崇山峻岭之中大渡河上的第一座桥。作品主山选用整块裂纹纵横的龟纹石搭配小块自然龟纹石，将其底部磨平，上方保持自然，形成险峻的悬崖峭壁。主配峰之间悬挂着十三根单薄的铁链更凸显山体高耸云崖之势。如今这十三根铁链依然支撑着泸定桥，用它那单薄却厚重的身躯见证一段光辉的历程，激励后人砥砺前行。

# 延安颂

作者：韩琦

规格：盆长160cm×70cm

用材：九龙壁、新西兰柏、薄雪万年青、小叶冷水花、苔藓

时代在发展，历史在前进，时代气息与历史底蕴交融的延安城，其红色基因代代相传！

作品采用整块九龙壁配以小自然石、新西兰柏、小叶冷水花等，塑造了一个告别厚重黄土地，山川变绿的延安城。近处延河大桥见证时代变迁，两岸幢幢高楼平地而起；宝塔山上、延安桥边、土窑洞里，无数观光客在找寻延安岁月的记忆、感受延安的精神魅力。远处船只飘荡着双桨，让那股红色的旋律越过山峁向远方流淌。

# 丝路传奇

作者：韩琦

规格：盆长 180cm × 80cm

用材：九龙璧、迎春、薄雪万年青、小叶冷水花

作品主配峰采用整块的九龙璧，塑造出大山的原野神貌。落日余晖下，步履艰难的商旅，悠扬动人的驼铃声，气象万千的河流，船只穿越湍流险滩，栉风沐雨、历经苦难的情景仿佛再现。

天高路长，未来很远。从"丝绸之路"到"一带一路"演绎无数传奇故事，彰显不断开拓的精神。

# 时代新貌

作者：韩琦

规格：盆长180cm×80cm

用材：龟纹石、珍珠草、真柏、虎刺、
金属配件、石材雕刻

历史车轮飞驰向前；曾经的我们用双脚丈量大地，如今的我们乘着科技的翅膀走向未来。作品选用裂纹纵横、色泽古朴的龟纹石塑造了一座座雄奇险峻的高山。盆景中的配件是纯手工石材、铅铝雕刻，笔者以精湛的雕刻工艺凿出时代的隧道。远处城市高楼林立，近处铁路在山间穿梭、轮船在海中前进、汽车在公路驰骋，远近结合地展现了时代新貌。

可谓是一声春雷动，千山方醒，万象新城。一湾大潮涌，双龙际会，脉脉互通。一卷强国梦，海山大愿，一气呵成！

# 长城雄姿

作者：韩琦

规格：盆长150cm×68cm

用材：龟纹石、迎春、薄雪万年青、
珍珠草、苔藓

作品选用大小不一的整块龟纹石组合而成，营造出山势连绵不绝之感。形态老旧的龟纹石正如那历史悠久的长城一般，历经风霜雨雪、岁月打磨；再配以薄雪万年青，恰似我中华深厚的文化焕发勃勃生机。远近高低、近大远小的整体布局简洁明朗，呈现自然之美，也凸显了起伏连绵的长城之美！

长城万里长，弯转步步昂。攀峰破苍穹，威严峙东方。遥想筑城人，血泪洒山岗。守城望烽火，红光映衷肠，巨龙身安在，雄魂潜大洋。九子耀神州，此心当无恙。

树桩盆景
水旱盆景欣赏

　　该作品为魄力十足、威武雄壮的雀梅桩大树型盆景。树高78cm，直径26cm，根盘强健曲折，弯曲的幅度近乎夸张，但过渡非常自然。该作品条位甚佳，树梢到结顶收缩协调合理。抓地的根盘，傲世雄姿，彰显出一统天下的王者风范！

# 忆江南

作者：韩琦

规格：盆长150cm

用材：龟纹石、柽柳、珍珠草、苔藓

杨柳青青江水平，闻郎江上唱歌声。
东边日出西边雨，道是无晴却有晴。
——唐·刘禹锡《竹枝词》

43

# 小溪分幽

作者：韩琦

规格：盆长150cm

用材：龟纹石、雀舌黄杨、珍珠草

一夜满林星月白，亦无云气亦无雷。
平明忽见溪流急，知是他山落雨来。
——宋·翁卷《山雨》

# 涛声落岸

作者：韩琦

规格：盆长150cm×80cm

用材：龟纹石、雀舌黄杨

层层岩石绕曲江，疏疏片林碧苍苍。
滚滚流水东奔去，阵阵涛声入耳房。

五条苍龙，扎根大地。主干扭转舞动，有跃然腾空之势；横枝似利爪拨动青云，悠闲自在。五龙同聚，亦如五位兄弟，相依相助，和睦共处，长幼有序，礼让有度。长者高瞻，幼者躬行，五龙聚首，岁月同春。

# 岁月同春

作者：韩琦

规格：树高80cm

用材：云盆、五针松

# 高山留云

作者：韩琦
规格：盆长 90cm
用材：云盆、大阪松、珍珠草

山水树石皆成景，无名野趣亦天成。
春风落峡迎旭日，高山留云绕苍松。

# 大地情长

作者：韩琦

规格：树高 70cm

用材：云盆、侧柏

该作品雄浑古朴，古柏高 70cm，稳重粗矮的体态蕴含着独特的气质。朴实华美的冠茂搭配云盆、几架，展示了盆景博采众长、独具匠心的艺术风韵。

# 林间渔寨

作者：韩琦

规格：云盆长 150cm　高 62cm

用材：砂积石、黄杨

该丛林式作品，笔者采用天然砂积石创作，用多株大小不等的野生苍老黄杨桩组栽（树龄20~50年）。山林浓萌，平缓大气，有大自然的古野韵味；野林丘坡上的农舍为作品增添了烟火气；小草翠绿茂盛，溪塘岸边的老人悠闲自在；一道蜿蜒的小溪从深谷秀林中潺潺流出，水清如镜，直跌池塘，一泓碧水，清净幽雅，充满自然的气息。

# 家乡原野

作者：韩琦

规格：盆长120cm

用材：云盆、金钱松

　　该作品以金钱松表现家乡春日野林的真实原貌，丘坡绿地，以达到虚中有实的韵味，疏密得当，整体呈平缓状，看上去无险无奇，恬静如画。

# 峥嵘岁月

作者：韩琦
规格：树高90cm
用材：云盆、黑松

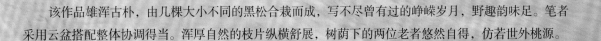

该作品雄浑古朴，由几棵大小不同的黑松合栽而成，写不尽曾有过的峥嵘岁月，野趣韵味足。笔者采用云盆搭配整体协调得当。浑厚自然的枝片纵横舒展，树荫下的两位老者悠然自得，仿若世外桃源。

# 疏林清韵

作者：韩琦

规格：盆长130cm

用材：云盆、真柏、苔藓

该作品韵律自然和谐，幽深淡影，茂林浓荫，高与低、纵与横、疏密相间，野趣横生。

# 野林牧歌

作者：韩琦

规格：树高 150cm

用材：龟纹石、黄杨、迎春、珍珠草

该作品为丛林式，多棵大小不等的黄杨桩组栽，疏密相间，粗细高矮搭配合理，长短参差相宜。立面呈丘陵地貌，融田园风光与深山老林于一体，树皮嶙峋，叶绿葱郁，富有野趣动感，自然清新，其韵味表达了笔者的个性。

# 野林家园

作者：韩琦

规格：盆长120cm×60cm

用材：云雾石、真柏、六月雪

# 野林春晓

作者：韩琦

规格：盆长150cm

用材：龟纹石、黄杨、迎春、珍珠草

该作品为丛林式，笔者采用多株苍老的黄杨桩组合栽植（树龄20~50年），错落有致，山林烂漫，疏密得当，野趣横生，草色荫萌，清静幽雅，神韵入化，有浓厚的大森林古野韵味。

# 乡野

作者：韩琦

规格：盆长90cm×45cm

用材：千层石云盆、真柏、珍珠草

这幅自然式千层石云盆，中间主树是两个小真柏靠合而成的，树高仅40cm的树冠平整严实，过渡结顶自然，层次分明，低矮稳健，根似鹰爪曲直苍劲。大树下的小树、苔藓自然清新，野丘下的小草翠绿茂盛，古柏下的老者悠哉游哉。

# 林泉图

作者：韩琦

规格：盆长130cm

用材：龟纹石、大阪松、虎刺

该作品取意于宋代郭熙《林泉高致》，为水旱野岛式作品，以龟纹石、四棵大阪松配以杂树虎刺组合而成，翠草青幽，结顶自然连成一体，情景交融，陆水相映，给人一种松之飞舞的悠然画意。

# 春风落峡

作者：韩琦

规格：盆长130cm

用材：龟纹石、对节白蜡、石榴、珍珠草

千枝缀绿曳风来，
喜雨急集洗江白。
叠叠青嶂凭崖立，
静浒花月入亭台。

该动势盆景作品表现的是河岛风光，画面上看江河开阔，春风飒爽，顺其自然。河峡左侧次枝劲风密合，不失画意。远处的舟亭隐约显露，布石十分细腻，结构和谐统一。河面礁石荡悠有情，动静结合，气韵生动，创立新风。

58

# 山林览靓

作者：韩琦
规格：盆长150cm×68cm
用材：龟纹石、真柏、珍珠草

该作品为丛林式水旱盆景。树石组合，枝繁叶茂，生机盎然，绿意浓郁，错落有序，丘坡高低呼应，野味十足。充分表现了笔者对自然界生态风貌的了解，构思成真，如诗如画，给人以超尘脱俗之感。

# 春回大地

作者：韩琦

规格：树高80cm

用材：黄杨

　　这是一盆大树型黄杨盆景，饱满丰实的树冠，端庄大气稳重，枝叶茂盛，苍劲碧绿，虬枝回旋，
层次分明，过渡自然。此桩虽然生长缓慢，但至老不衰，显得格外高雅。

# 独尊

作者：韩琦

规格：树高60cm

用材：鸡爪槭

该作品根似鹰爪强劲而有力，左右两边拖根，舒展自然，紧连盆土。老粗的树干，露出深洞窟和坑沟，苍劲古朴。经过数年截干蓄枝，现枝托脉络清晰，造型自然，有几分野趣。

# 古韵情缘

作者：韩琦

规格：树高85cm

用材：刺柏

　　该作品主干粗大，向右斜出。根盘向右深扎，强劲而有力。树身下一枝回折向右飘出，呈临崖状。枝片的线条曲折多变，层次分明，舒展而苍劲，充满动势，给人一种新意美。

# 古树流芳

作者：韩琦

规格：树高90cm

用材：真柏

　　这是一棵主干粗大带月半弯形态的真柏，笔者看中其漂亮的天然舍利干和多个大小不等的分枝，扶持培养成多枝树干，条位层次疏密有变，高低错落，飘逸自然，整体树貌的构图优美清秀，枝线层次分明，透视效果极佳。

# 风雷激

作者：韩琦
规格：树高95cm
用材：黑松

　　风吹式是树木盆景中以静写动的典
型代表，这盆黑松桩景素材，风吹之势
强烈，而粗大的树身稳定画面，给人以
安定之感。

# 青云藏龙

作者：韩琦
规格：飘长 105cm
用材：真柏

　　该作品根盘粗壮，苍劲的主干从盆中伸出，呈
90°弯曲向下，跌至盆底，然后开始向左侧飘出悬
于空中。上部的枝片如天上青云相融，下部斜冲的
枝片则似高山流水，力求达到探究云海、寻觅精妙
的创作意境。

# 古韵回春

作者：韩琦
规格：树高90cm
用材：真柏

　　作品中干肌粗大屈曲，枯骨嶙峋，水线与舍利干紧紧相抱，交融而生，极具沧桑之感。主干自中部起分出一枝向右而又回折，粗大的主干直立向上，直刺苍穹。整个作品干壮基隆，颇具大树的特征。

# 天地正韵

作者：韩琦

规格：树高80cm

用材：真柏

　　该作品直干横枝，结构简洁，略显苍劲。两翼微曲右收左放，不论分枝长度与间距，层次清晰，长短分明，整体树形古老大气，和谐自然。

# 野林疏影

作者：韩琦

规格：盆长80cm

用材：石斛

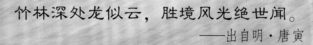

竹林深处龙似云，胜境风光绝世闻。

——出自明·唐寅

# 秋风劲

作者：韩琦
规格：盆长120cm
用材：云盆、对节白蜡

该树为三干丛生、连根式作品，大小分枝过渡都处理得较为成功，独具风格。主干虽然不太粗
大，但小次树搭配得和谐统一。整体弯曲变化自然，逍遥舒畅、主次分明，彰显抗力之美。

山水盆景
欣賞

# 神峰竞秀

作者：韩琦

规格：盆长180cm

用材：树化碳石、真柏、迎春、薄雪万年青、
小叶冷水花

该作品的灵感取自云南与张家界的天然石林，作品微缩展现了大自然的风姿神韵——雄、奇、险、秀、幽、野、怪，石体表面呈现纵横交错的洞裂，有大自然鬼斧神工之妙韵。

石林

# 丹霞风光

作者：韩琦

规格：盆长180cm

用材：九龙璧、真柏、迎春、薄雪万年青、苔藓

有山千丈色如丹，三叠风光一泾盘。
云阁凌空人近月，岩溜喷雨石生寒。

73

# 海岛渔话

作者：韩琦

规格：盆长170cm　高26cm

用材：九龙璧（水石）、真柏、黄杨

东临碣石，以观沧海。水何澹澹，山岛竦峙。
树木丛生，百草丰茂。秋风萧瑟，洪波涌起。
　　　　　　——出自三国·曹操《观沧海》

# 峡江曲流奔大海

作者：韩琦

规格：盆长150cm

用材：龟纹石、真柏、芝麻草

盆中壁崖状态的主峰为天然龟纹奇石原形，由右侧向江中半壁劈立惊险，配峰相对呼应，山连水曲，清丽别致，远山连绵，江水荡悠。

# 奇山异水

作者：韩琦

规格：盆长180cm

用材：木化碳石、真柏、黄杨、虎刺

该作品以木化碳石为主材，呈现山水相连、虚实相映、树草青幽、奇峰林立、刚健挺拔、雄伟险峻、直刺云天的风貌。主峰与配峰之间低山连绵，陡崖凌空，气势磅礴，展现出一派险峻清幽的石林风采。

# 南海毓秀

作者：韩琦

规格：盆长120cm　高17cm

用材：九龙璧（山石）、真柏

该作品饱含笔者对南海诸岛的喜爱之情，主山是一大块整体石配小整体石，表现南海诸岛是被大自然"宠坏"了的地方。最宜人的气候、最清新的空气、最和煦的阳光、最湛蓝的海水、最柔和的波浪，都浓缩于一盆之中，呈现了秀丽的南海风光。

# 大海神舟

作者：韩琦

规格：盆长90cm

用材：武陵石、芝麻草

这是一盆整体天然武陵石作品。一座舟船式的大山跃然眼前，远远看去像是行驶在大海里的舟船，随波起伏，灵动传神。

# 清江绕崖

作者：韩琦

规格：盆长190cm　高73cm

用材：皖北纹石、真柏、黄杨、迎春、芝麻草

该作品是用皖北天然整体纹石搭配次峰自然石制作而成，以悬崖式山水盆景反映了大自然中悬崖峭壁的惊险之态，主峰呈明显的悬崖状态，位于盆的右侧，向中间悬出，有迎客之感。

天际霞光入水中，水中天际一时红。
直须日观三更后，首送金乌上碧空。
——唐·韩偓《晓日》

# 旭日映山崖

作者：韩琦

规格：盆长150cm

用材：九龙璧、真柏

# 石林风光

作者：韩琦

规格：盆长180cm

用材：木化碳石、黄杨、虎刺、真柏

该作品展现了石林的雄奇秀丽。峰林高低错落，稳重大气。峰峦上下起伏，雄中寓秀，水岸迂回曲折多变，水清如镜。整个山景奇特险峻，表现了山水盆景源于自然高于自然的艺术魅力。

# 情深海晓·风光无限

作者：韩琦

规格：盆长150cm

用材：九龙璧、蓝宝石盆、薄雪万年青、小叶冷水花

该作品是采用一件整体天然红碧玉石搭配小碧玉石创作而成。笔者为表现大视野中的大、小岛屿，将近、中、远三景浑然一体地浓缩于一盆之中，把碧绿的海浪、清新的空气、绚丽的阳光和柔和的沙滩体现出来，达到人与自然浑成的至美境界。画面中，海中的小船由远而近缓缓驶来，动感毕现，整个画面仿佛活了起来。

# 新安江览胜

作者：韩琦

规格：盆长150cm

用材：九龙璧、芝麻草、珍珠草

深潭与浅滩，万转出新安。

人远禽鱼静，山空水木寒。

——出自唐·孟云卿《新安江上寄处士》

# 旭日冉冉映海岛

作者：韩琦

规格：盆长140cm　高16cm

用材：黔石、真柏、小叶黄杨、米叶迎春

该作品以整体天然黔石为主材，搭配小自然黔石组合而成。绵延不断的群山峰峦层起，自然沧桑，给人以敦实稳重的感觉，美若天开。笔者采用以盆改天的手法让无限的景致在有限的盆中呈现，妙趣自然，返璞归真。

# 丽山春晓

作者：韩琦

规格：盆长150cm

用材：砂积石、真柏、小叶黄杨、米叶迎春、芝麻草

该作品采用天然砂积吸水石为主材，用小吸水石搭配。整体山势稳重，峰峦呼应，碧水相连，虚实相映，草青树绿，层次丰富，清新秀丽，景色幽深，深具浑厚苍然之感。

# 江深情幽

作者：韩琦

规格：盆长200cm

用材：皖北纹石、真柏、黄杨、迎春、芝麻草

该作品为高深式山水，用来表现雄伟挺拔、峭壁千仞、气势磅礴的山河风光。这是我国山水盆景中最常见的一种表现形式，具有线条刚柔、形态深幽、整体性强、雄伟壮丽之特点。

# 天门神秀与武陵源

作者：韩琦

规格：盆长150cm

用材：龟纹石、真柏

天明开秀崿，澜光媚碧堤。
风荡飘莺乱，云亓芳树低。
　　——出自南北朝·谢朓《隋王鼓吹曲·登山曲》

# 峡江初晴·尽诗情

作者：韩琦

规格：盆长180cm

用材：白云石、真柏、黄杨、迎春、芝麻草

盆内高深式山势风貌，大气自然。峰体巍峨奇秀，远山连绵叠嶂，两山之间形成峡壁，一江碧水从峡壁流出，低矮的远景使江面显得宽阔缥缈，使整个画面更为深远，浑然一体。盆景虽小，却营造出高山大川的壮丽景色。

# 美在名山碧水间

作者：韩琦

规格：盆长150cm

用材：龟纹石、真柏、小叶黄杨、米叶迎春、清香木、蓬莱松、芝麻草

漓江山水甲桂林，2014年初夏，笔者两次来到漓江，但见沿岸青山连绵不绝，奇峰林立，翠竹茂林、田野、山庄渔村随处可见，充满了恬静的田园气息，仿佛一幅绝美的水墨山水画。好山好水目不暇接，象山为漓江更添几分秀色。流连忘返之际，想起从安徽老家奇石店收藏的一块整体龟纹石，形状、纹理、色泽上佳，用来创作漓江风光恰到好处，能充分展现漓江山清水秀、洞奇石美的特点。于是将这块龟纹石底部切平，稍做拼接，山体的上部用金刚钻头凿小洞种植花草，将桂林山水的迷人风采巧妙融入咫尺盆盎中。

# 神峰古韵

作者：韩琦

规格：盆长180cm

用材：木化碳石、真柏、米叶迎春、芝麻草

该作品运用高远法的构图，秀在名山御笔峰，美在名山碧水间。灵感源于湖南张家界石林与云南石林的特点相结合，有张家界石林奇峰林立的风采，也有云南石林拔地而起头顶巨石的特征。作品层峦感丰富，体相稳重，山峰叠嶂明朗，直入蓝天；山脉相连，碧水相映，高远雄浑，深远曲折幽胜，富有画意诗情。

# 峡江曲流荡悠歌

作者：韩琦

规格：盆长150cm

用材：九龙璧、真柏、薄雪万年青、
小叶冷水花、苔藓

　　笔者采用峡谷式深幽相结合的手法布局，主峰置于盆的右侧，是一块整体九龙璧奇石。配以小整体石组合，近看是石，远望似浪。汹涌澎湃、气势奔腾的艺术效果令人陶醉。立意新颖的几块小礁石，点出了江面流动之势。山巅古塔、山腰古庙、江边坡岸的茅屋，周围树深草密，一片郁郁葱葱。江面帆影逆流而上，增添作品的动感。

# 陵江烟雨

作者：韩琦

规格：盆长160cm

用材：白云石、真柏、薄雪万年青、
小叶冷水花、苔藓

该作品山峦奇秀，峰奇洞幽，汹涌的骇浪猛烈地撞击着江岸，点点帆影，乘风破浪。体现了陵江的雄伟壮丽，犹如一幅立体的自然山水画卷。该作品将陵江烟波浩渺的景色表现得淋漓尽致，充分表达了笔者喜山乐水的思想情缘。

# 江山多娇

作者：韩琦
规格：盆长150cm
用材：龟纹石、真柏

该作品犹如一首清丽别致的诗，更似一幅鲜明生动的山水画。气势宏伟的大岛风光，山势主景浑然一体，巍峨雄姿，配峰灵秀低矮，映衬出主峰的逶迤雄浑、大气、自然。给人视野开阔、心胸豁达之感。

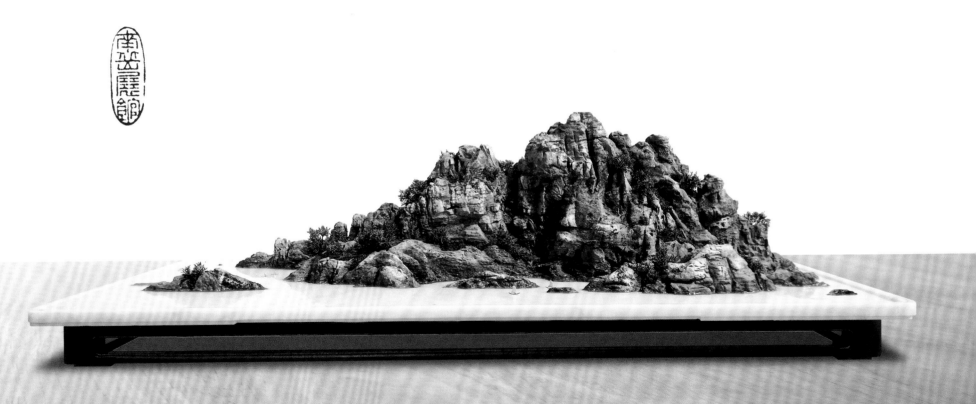

# 奇崖碧水

作者：韩琦

规格：盆长70cm×35cm

用材：英石、苔藓

该作品悬崖式主峰以英石组合，由左侧悬向湖中，势态奇突险峻，颇能引人入胜。为衬托主峰悬崖的险奇神韵，右侧配峰处理得较为平矮随意，山转水曲，湖岛中桥、亭秀丽别致。悬崖下远山依稀可见，使景色深远，水面辽阔。中间水面舟楫迎风而上，增加动感。整体构思精巧，格调明确，险中求奇，情景相融。

# 巫峡情

作者：韩琦

规格：盆长150cm

用材：龟纹石、米叶迎春、芝麻草

该作品选用色泽古朴、形态自然的整体龟纹石搭配一小龟纹石创作而成。该石材现今殊为难得，笔者将石材底部切割磨平，根据山石的走向制作。巫峡以绮丽幽深、俊秀著称天下，峡长谷深，奇峰突兀，层峦叠嶂，云腾雾绕，江流曲折百转千回，船行其间宛若进入绮丽的画廊。作品把巫峡大自然的美景按比例缩小入盆，处处充满诗情画意。

# 川江流崖

作者：韩琦

规格：盆长150cm

用材：黔石、真柏、迎春

作品主山采用色泽古朴、苍老自然的大整体黔石制作，用多块小整石搭配，画面大气自然，山体威武奇秀，表现了山奇崖险的优美自然景观。

# 山川出岫

作者：韩琦
规格：盆长150cm
用材：白云石、真柏、迎春

该作品为山河式，主峰以整体大块白云石搭配小山形石组合，山体林木多姿，草绿树青，山川气势大度，给人以磅礴、巍峨、厚重的苍野之感，使山光水色随之荡漾。

# 春山古韵

作者：韩琦

规格：盆长130cm

用材：九龙璧、真柏、苔藓、芝麻草

该作品的主山九龙璧整体石已有秦岭山脉的原野神韵，这里用来创作一件生活感悟性作品——春山古韵。山坡之下用黄石沙为基底，为了营造野逸的氛围，苔藓幽沿，坡绿茸柔，残岩秃石，畜牧农恬，山禽遍地，野味无穷。古庙农庄随处可见，充满了浓郁的草原气息，一条大河清潺悠悠起春潮，勾勒出一幅夕照山川的自然风貌。

# 江山如画

作者：韩琦

规格：盆长150cm×80cm

用材：英石、真柏、珍珠草

作品中主山是由一块天然整体英石搭配小自然石构成，是赏石界难得寻觅之材，用来创作气势大度的山河画面恰到好处，给人以敦实、磅礴厚重的苍野感。作品整体山势雄浑多姿，江流婉转曲折，草木苍翠葱茏，观之，使人心胸开阔、豁达舒畅，呈现出一幅巍峨壮丽的山河风光。

# 奇山秀水

作者：韩琦

规格：盆长180cm

用材：龟纹石、米叶迎春、芝麻草

这是一盆具有写实手法的崖河式山水盆景，主山选用了一整块天然龟纹石，再搭配小自然石；大石的石洞似天门，用来创作奇秀恢宏的山河风光恰到好处。作品充分体现了江河的雄姿、险峻、秀、奇、幽等艺术特色。将自然美与艺术美有机地融为一体，令观赏者为之叹服。

# 崇山览胜

作者：韩琦

规格：盆长150cm

用材：九龙璧、真柏、芝麻草

　　该作品以散布式群山布局，用九龙璧大小整体石块组合，具有特别浓厚的山河画意。远岚荡烟，水天沧浪，坡岸曲折多变，配峰群岭连绵。作品既壮丽浑厚又不失清雅秀丽，风景幽胜，令人沉醉。

# 漓江如画

作者：韩琦

规格：盆长130cm

用材：龟纹石、芝麻草、苔藓

玉带蜿蜒画卷雄，漓江秀丽复深宏。
神奇景物疑三峡，叆叇烟云绕万峰。

——出自郭沫若《春泛漓江》

# 陵峡烟雨

作者：韩琦

规格：盆长 140cm

用材：龟纹石、真柏、芝麻草

该作品荣获"第七届安徽省花卉博览会银奖"（2016年10月5日阜阳）。苍老的龟纹石，具有逼真的山脉山岭形状特点。笔者采用深远的手法再现三峡雄伟的自然风貌，江面竹筏轻荡，山上秋色淡雅，点点绿意，云光曼舞，岭山迎晖。再现了大自然的风姿神韵。

# 鲸山群岛

作者：韩琦

规格：盆长130cm

用材：龟纹石、珍珠草

豫章翻风白日动，鲸鱼跋浪沧溟开。
——出自唐·杜甫《短歌行，赠王郎司直》

# 盆纳山川

作者：韩琦

规格：盆长120cm

用材：英德石

　　该作品选用多块纹理统一、自然清晰的英德石，通过精心构思、别具一格的布局，充分利用山石的走势来衬托盆盎中滔滔江水的奔流，创造出一幅颇有诗情画意、情景交融的平远式山河风貌。

# 武夷山下

作者：韩琦

规格：盆长130cm

用材：龟纹石、真柏、迎春、小叶冷水花、珍珠草

该作品是根据武夷山一角神貌所作。武夷山位于福建省，入选世界文化与自然双重遗产，以丹霞地貌著称于世，有"碧水丹山""奇秀甲东南"的美誉。作品按比例缩小，以精心构思，真实地再现了武夷神韵优美的自然山水画卷。

# 碧水云崖

作者：韩琦

规格：盆长160cm

用材：龟纹石、真柏、芝麻草

该作品选用色泽古朴、形态苍劲自然的整体龟纹石，用小自然石搭配组合，因石而定，横向处理。底部切割磨平，上方自然形成的险峻悬崖峭壁，构图上有三峡云崖之势。主配峰相互呼应更加凸显山体风光的高耸，山脚线条自然流畅，岩壁纹理苍然疏韵，整体布局简洁明确，虚实有致，使人对未来充满无限美好的遐想。

# 辽海丽歌

作者：韩琦
规格：盆长120cm　高16cm
用材：九龙璧（水石）、真柏、黄杨

胜日寻芳泗水滨，无边光景一时新。
等闲识得东风面，万紫千红总是春。
——宋·朱熹《春日》

# 沅江览胜

作者：韩琦

规格：盆长150cm

用材：龟纹石、米叶迎春、芝麻草

该作品主山用一大块整体龟纹石创作而成，再搭配小山形石巧妙组合，用来创作沅江风光恰到好处。沅江发源于贵州，流入湖南境内，独特的自然环境赋予了沅江天生丽质的山水美景。沅江春夏秋冬景色各异，晴雨风雪各有情致，其东北部为沼泽，境内三分垸田三分洲，三分水面一分丘，是典型的湖湘地貌特征。沅江沿江两岸景色迷人，该作品将沅江美好的山河秀色完美浓缩于咫尺盆盎中。

# 北国风光

作者：韩琦
规格：盆长130cm
用材：九龙璧、真柏

该作品主山是一块整体九龙璧苍旧石，用黄石沙搭配，以小见大，按比例创作北国风光，展现丝绸沿河之路，莽草沙原，画境逼真。

# 丽河春晓

作者：韩琦

规格：盆长140cm

用材：九龙璧、真柏、迎春、芝麻草

该山河式作品用大小不等的九龙璧石块组合而成，构图意境开阔舒展，活泼秀丽，是一幅描写当今时代的平远式作品。景中远山低排连绵，层次分明，杂树萌芽丛生，结构合理，整体感强。笔者凭借熟练构图技法，用秀润线条把瑰丽山河完美地表现出来，神韵超然，极具雄伟、奔放、开阔之美感。

# 东海群岛

作者：韩琦

规格：盆长150cm

用材：九龙璧、真柏、薄雪万年青、小叶冷水花

该作品荣获"第七届安徽省花卉博览会金奖"（2016年10月5日阜阳），主山是一块九龙璧整体山型石搭配小自然石组合而成，为平远式。作品底部经过精心切割巧妙布局，山形秀丽多姿，水面辽阔流畅，山势平缓大度，温暖柔和的美感油然而生，表现了祖国海岛风光之无限绮丽。观其全景，山水清丽简明、邃远空旷。

# 山崖荡漾

作者：韩琦

规格：盆长80cm

用材：英德石、苔藓

　　该悬崖式山水作品主要表现自然界雄浑险奇、峭壁陡峻的临水悬崖景色。具有山势险峻、山形奇特、景色壮观的特点，为山水盆景中最富动势的造型之一，深受盆景爱好者的喜爱。

# 三江并流

作者：韩琦

规格：盆长100cm

用材：英德石、真柏、珍珠草

　　三江并流是指金沙江、澜沧江和怒江这三条发源于青藏高原的大江在云南省境内自北向南并行奔流170多千米的区域，是世界上罕见的"江水并流而不交汇"的奇特自然地理景观。该作品浓缩了这一奇特自然景观，使人有足不出户而获山林之感。

# 黄河情

作者：韩琦

规格：盆长120cm

用材：九龙璧、黄石沙、薹草

黄河是中国的母亲河，波涛浪滚，浪沙翻腾，奔流入海。千百年来，无数诗人为之吟诵歌唱。该作品选用九龙璧整体石制作，山石形体野趣峦坡出岫，右侧小峦相对呼应，用黄石沙处理地貌，堆成沙丘状，自然逼真。沿古黄河坡峡谷内岸点缀十余只骆驼，排着齐队，迈着铿锵的步伐向前线输运粮草。

# 危崖出岫

作者：韩琦

规格：盆长150cm

用材：白云石、真柏、迎春、珍珠草

该作品主峰由大块白云石制作而成，以峡谷式深幽相结合的手法布局；右边用小山形石搭配，和谐统一，看上去整体效果奇秀自然，清丽别致。整个作品主峰威武雄峻，水面绿水相映、刚柔相和，达到一种俊秀清新的效果。

# 大江渔歌

作者：韩琦
规格：盆长130cm
用材：九龙璧、迎春、芝麻草

该作品以整块天然九龙璧搭配小山形石组合而成，再现大山的气势，笔者毫无保留地将脑海中最漂亮的峡江秀景翻腾出来，达到人与自然浑成的至美效果，显示了峡江的风光秀采。

# 烟雨三月写江南

**作者：** 韩琦

**规格：** 盆长150cm

**用材：** 九龙璧、真柏、黄杨、迎春、芝麻草

作品中的主峰是一整块天然九龙璧，此石材是创作江南风光的最佳选择。一江春水再现了大江岸边、帆影浩荡、青山绿树、平坡人家的江南景色，表达了笔者热爱生活、思念大江南的情怀。

# 寥廓江天（三山六水一分田）

作者：韩琦

规格：盆长120cm

用材：龟纹石、珍珠草、芝麻草、苔藓

人生易老天难老，岁岁重阳。今又重阳，战地黄花分外香。
一年一度秋风劲，不似春光，胜似春光，寥廓江天万里霜。

——毛泽东《采桑子·重阳》

# 峡江绕崖

作者：韩琦

规格：盆长130cm

用材：黔石、真柏、芝麻草

主景中的整体悬崖黔石，优雅清俊，表现了自然界中雄浑险奇、峭壁陡峻的临水悬崖景色。整个作品具有山势险要、山形奇特、景色壮观的特点，深受盆景爱好者的喜爱。作品开河式画面简洁，意境开阔，近景山势巍峨奇秀，远山轮廓连绵优美，生动地体现了"孤帆远影"的诗情美景，令人回味无穷。

# 清江烟雨

作者：韩琦

规格：盆长150cm

用材：龟纹石、真柏、薄雪万年青、小叶冷水花、苔藓

该作品采用江河式布局，两岸青山相映，中间河流宽阔，清澄碧绿的江水与河岸郁郁葱葱的青松相映，融成一片优美和谐的清江秀水。远近江面点点白帆，逆流而上，滚滚江水，涛声震耳，令人叹为观止。

# 隐逸泰岳

作者：韩琦

规格：盆长150cm

用材：龟纹石、真柏、芝麻草

　　该作品有五岳独尊之势，大气盎然。山势稳重，具有浓厚的风格特点，极富气势。山体林木枝叶茂盛，山色葱郁雄浑。

# 秋山晚秀

作者：韩琦

规格：盆长180cm

用材：龟纹石、真柏、迎春、芝麻草

　　该作品为开河式山水，视野开阔，水面两岸青松环绕，山形自然和谐。整体气势宏大，深远处的小岛、礁石、帆影点缀得恰到好处，增添了几分活泼的情趣，好一幅"孤帆远影碧空尽，唯见长江天际流"的江河美景。

# 富春江览胜

作者：韩琦

规格：盆长130cm

用材：九龙璧

天下有水亦有山，
富春山水非人寰。
长川不是春来绿，
千峰倒影落其间。

——唐·吴融《富春》

# 钱塘江畔

作者：韩琦

规格：盆长138cm

用材：九龙璧、珍珠草

漫漫平沙走白虹，
瑶台失手玉杯空。
晴天摇动清江底，
晚日浮沉急浪中。
——宋·陈师道《十七日观潮》

# 锦绣山河

作者：韩琦

规格：盆长130cm

用材：九龙璧、珍珠草、芝麻草

　　该作品中的主次山是天然九龙璧搭配小自然石而成，恰到好处地表现了气势大度的山河画面。作品河面开阔缭绕，山凹林木苍翠，使人的感情与山水的气韵合一，具有浓郁的诗情画意。

# 春潮涌动

作者：韩琦

规格：盆长150cm

用材：九龙璧（山石）、迎春、芝麻草

　　九龙璧有两种，山石与水石，该作品中的石材为九龙璧山石，采用平远式构图技法。整体布局搭配合理恰当，有一种稳重浑厚、苍然大气之感，主配峰两三角形长斜边相对，使中间画面开阔深远，深处隐若出现的帆影，显示了大江春潮的涌动。

# 春意盎然

作者：韩琦

规格：盆长150cm

用材：吸水石、真柏、黄杨、芝麻草

满眼不堪三月喜，举头已觉千山绿。
——出自宋·辛弃疾《满江红·敲碎离愁》

# 群峰峥嵘

作者：韩琦

规格：盆长150cm

用材：钟乳石、凤尾竹、真柏、芝麻草

　　该作品主副山体由两大块钟乳石组成，峰峦迭起，笔者反复构思题名为《群峰峥嵘》，因为是两块整体石山脉，搭配多块小礁石点缀，整体自然逼真、巧妙天成。

# 江岸写山水

作者：韩琦

规格：盆长140cm

用材：九龙璧、米叶迎春、芝麻草

　　该作品的主山是整块九龙璧山形石，本身已有大山的原野神貌。笔者按照这块山石立意创作河岛风光。该作品选材巧妙，椭圆形盆的线条与山石线条相吻合，远处布置几块低矮小山作远景，有一种淡雅宁静、柔和艳丽之美感。

# 鼓浪潋滟

作者：韩琦

规格：盆长140cm

用材：九龙璧、芝麻草

　　该作品为群体散布式岛屿，创作灵感来源于鼓浪屿，屿上龙头山、升旗山和鸡母山并列。笔者用三块整体大小不等的九龙璧组合，搭配小礁石点缀，冈峦起伏，碧波、白帆、绿树交相辉映，处处给人以整洁幽静的感觉。

# 青山碧水

作者：韩琦

规格：盆长150cm

用材：白云石、米叶迎春、芝麻草

　　该白云石主山整体完美，与小自然石组配，山石形态奇特多变，石色深浅交互自然，变化合理。整体布局山势起伏，脉络相连，气势雄伟，美不胜收。

# 名山秀水

作者：韩琦

规格：盆长150cm

用材：九龙璧、迎春、芝麻草

　　该作品主山是一块天然九龙璧整体石与小整体石搭配组合而成，再现了普陀山山清水秀、路曲坡陡、古塔庙宇错落有致的美景，使人文景观与大自然鬼斧神工和谐统一。

# 冬日初晴

作者：韩琦

规格：盆长 100cm × 45cm

用材：英德石

挂壁式山水盆景，亦真亦假，如梦似幻。

# 春云沐雨

作者：韩琦

规格：盆长100cm×45cm

用材：英德石

挂壁式作品，清雅别致，浓墨重彩。山中云烟飘荡，浑厚自然。

# 秋山观瀑

作者：韩琦

规格：盆长100cm×45cm

用材：砂积石、真柏、迎春

挂壁式盆景不同风格的类型，因石制宜，横向处理。通过拼接胶合，形成险、透的瀑布溪水风光。

# 云山飞瀑

作者：韩琦

规格：盆长50cm×25cm

用材：砂积石、芝麻草、苔藓

日照香炉生紫烟，遥看瀑布挂前川。
飞流直下三千尺，疑是银河落九天。
——唐·李白《望庐山瀑布》

# 旭日映朝晖

作者：韩琦

规格：盆长100cm×55cm

用材：红锈石

日出江花红胜火，春来江水绿如蓝。

——出自唐·白居易《忆江南》

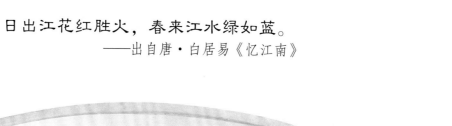

# 泰山雄姿

作者：韩琦

规格：盆长60cm×32cm

用材：黄石、真柏、迎春、芝麻草

风云一举到天关，快意生平有此观。万古齐州烟九点，五更沧海日三竿。
向来井处方知隘，今后巢居亦觉宽。笑拍洪崖咏新作，满空笙鹤下高寒。
——元·张养浩《登泰山》

139

# 云崖叠嶂

作者：韩琦

规格：盆长60cm×32cm

用材：砂积石、迎春、芝麻草

各年舞袖云崖冷，几度桃花春水深。
犹有门前旧诗句，松风万壑老龙吟。
——出自宋·林桷《李白书堂》

# 飞瀑挂碧峰

作者：韩琦

规格：直径35cm

用材：砂积石、真柏、迎春

石门洞口白云封，
飞瀑千寻挂碧峰。
　　——出自清·郭式昌《辛未春月由温
　　　　　　州至处州道上杂咏》

# 岭崖深幽

作者：韩琦

规格：盆长70cm×37cm

用材：砂积石、六月雪、迎春、芝麻草

一径入蒙密，已闻流水声。
行穿翠筱尽，忽见青山横。
山势抱幽谷，谷泉含石泓。
旁生嘉树林，上有好鸟鸣
——宋·欧阳修《幽谷晚饮》

# 云谷观瀑

作者：韩琦

规格：直径35cm

用材：砂积石、芝麻草、苔藓

独立岩崖不厌观，飞淙千丈下云端。
年来耳目无他用，尽放清虚一壑闲。
——明·方献夫《玉岩观瀑》

二十世纪

八九十年代

盆景作品

中华人民共和国成立三十周年纪念　盛世中华

中华人民共和国成立四十周年纪念　盛世中华

题名：盛世中华　盘景：天安门

作者：韩琦　1979年原作（第一次雕刻）

材料：绿花玉石、墨玉石、红玉石等石材雕刻以及金属配制

规格：长55cm

题名：盛世中华　盘景：天安门

作者：韩琦　1989年原作

材料：绿花玉石、墨玉石、红玉石等石材雕刻以及金属配制

规格：长60cm×高5cm

　　规格：盘长60cm×高5cm，真城楼总通高37.4m，按1cm等于实际地面约7.4m等比例缩小。

　　用料：绿花玉石基座，墨玉石为底盘地面，院内是用红理石和金属颜料仿造的故宫。城楼根基用白玉石雕刻，红玉石为城墙，使整个城楼大殿庄严雄伟，金碧辉煌。城门洞正中上悬挂着巨大的毛泽东画像，两边分别是"中华人民共和国万岁"和"世界人民大团结万岁"的大幅标语。天安门前有雕刻的观礼台，切砌的金水河、雕刻的石狮子、华表和人物等。故宫御花园内有塑模3cm高的古松柏，宫外侧用塑料工艺仿制的杨、柳、槐。金水河以南有模仿的绿化带，仿真花木四季常青。长安街上有刻石而成的微型小汽车以及公交车、精雕细琢的水晶路灯以及铅铝加工的五座护城桥。桥前是天安门广场，中央有高高飘扬的五星红旗，旗杆和底座以铅铝配制而成。

　　这盆作品小中见大，是笔者手工制作而成的。整幅画面艺术精湛、做工精细、雕饰精美、比例适中、不失真实。让您足不出户便可目睹天安门与长安街的壮丽景观，再现了广场上碧空万里红旗飘的恢宏气势，呈现了新中国的灿烂光辉，象征着伟大的祖国繁荣昌盛！

146

题名：锦绣中华
作者：韩琦　1990年作品
材种：龟纹石、真柏、芝麻草、苔藓
规格：盆长130cm

题名：山崖览胜
作者：韩琦　1988年作品
材料：云盆、大阪松
规格：树高50cm

题名：神州盛世（布达拉宫）
作者：韩琦　1980年作品（第一次刻石而成）
材种：红玉石、绿玉石、真柏、珍珠草、苔藓
规格：盆长160cm

题名：神州盛世
作者：韩琦　1990年作品
材种：龟纹石、真柏、珍珠草、苔藓
规格：盆长180cm

作者20世纪90年代创作照

题名：天池风光·长白山

作者：韩琦　1991年作品

材种：龟纹石、真柏、芝麻草、苔藓

规格：盆长120cm

作者：韩琦　1992年原作

题名：月牙泉风光·鸣沙山

作者：韩琦　1990年作品

材种：砂土石、青蒲草、苔藓

规格：盆长120cm

题名：普陀胜景
作者：韩琦　1990年作品
材种：龟纹石、芝麻草、苔藓
规格：盆长120cm

题名：辽岛湾
作者：韩琦　1990年作品
材种：龟纹石、芝麻草
规格：盆长130cm

题名：石林春色
作者：韩琦　1990年作品
材种：树化石、芝麻草
规格：盆长100cm

题名：漓江山水甲桂林
作者：韩琦　1991年作品
材种：龟纹石、芝麻草、苔藓
规格：盆长130cm

题名：大渡桥横铁索寒
作者：韩琦　1992年作品
材种：龟纹石、芝麻草、苔藓
规格：盆长120cm

题名：更喜岷山千里雪
作者：韩琦　1992年作品
材种：龟纹石、珍珠草、芝麻草
规格：盆长120cm

题名：时代的转折
作者：韩琦　1992年作品
材种：龟纹石、真柏、珍珠草、芝麻草
规格：盆长120cm

题名：大山之上有人家
作者：韩琦　1992年作品
材种：龟纹石、五针松、苔藓
规格：盆长120cm

题名：南国风云
作者：韩琦　1990年作品
材种：龟纹石、苏铁、苔藓
规格：盆长140cm

题名：蓬莱仙境
作者：韩琦　1989年作品
材种：龟纹石、苏铁、苔藓
规格：盆长100cm

题名：山河锦绣
作者：韩琦　1991年作品
材种：千层石、真柏、芝麻草
规格：盆长140cm

题名：南国风光
作者：韩琦　1989年制作，2018年新改作
材种：云盆、苏铁、苔藓
规格：盆长150cm

# 杂志发表作品及获奖证书节选

封面作品

## 岁月

雀梅，高78cm

封面作品

## 神峰竞秀

木化碳石，盆长150cm

封面作品

## 春风落峡

龟纹石、对节白蜡、米叶迎春、珍珠草，盆长150cm

APPRECIATION OF PENJING

# 让心灵回归自然

——山水盆景创作感悟(上)

■湖南长沙 韩琦

**特别策划：山水盆景专辑**

CHINA PENJING & SCHOLAR'S ROCKS

# TALKING ABOUT THE DEVELOPMENT AND SKILLS INNOVATION OF LANDSCAPE PENJING

## 谈山水盆景的发展与技能创新

文：韩琦 Author: Han Qi

# 利用整体山型石 创作山水盆景

■湖南长沙 韩琦

图1 "漓江晓霞" 龟纹石、清木、黄杨、真柏 长180cm 高73cm 韩琦作品

图2 "遥望蓬山晓情春" 水化碳石、真柏、黄杨、虎刺 长170cm 高44cm 韩琦作品

图3 "读江曲泊真大海" 龟纹石、清木 长150cm 高41cm 韩琦作品

THE SKILL OF PENJING

# 情景相融 气韵自生

——山水盆景创作后记

■湖南长沙 韩琦

**盆景鉴赏** Appreciation of Penjing

# 韩琦盆景新作欣赏

■王志宏

# 韩琦的三幅山水盆景

王卫东

# 山水盆景妙在自然

——读韩琦的两幅作品

王卫东

几十年来作品数十次入选《花木盆景》和《中国盆景赏石》期刊，多次在国际、国内盆景大展中获得金奖和特别贡献奖。

153

154

题名：峡江曲流漫悠歌　　　作者：韩琦
材种：九龙壁石、真柏、薄雪万年青、珍水草、苔藓　　规格：盆长150cm

热爱和平 共筑长城！

票名：国际和平艺术家韩琦
印制：联合国邮政
面值：1.20美元
种类：打孔
年份：2022年7月
Stamp name: International peace artist Han Qi
Printed: United Nations post
Par value:$1.20
Sort: Punch
Year:July 2022

题名：南湖揽胜　　　　作者：韩琦
材种：龟纹石、真柏、迎春、清香木、薄雪万年青、苔藓　　规格：盆长160x80cm

韩琦诗盆景艺文集

蔚隆结题

INTERNATIONAL PEACE ARTISTS
WORKS国际和平艺术家作品

韩琦，1961年生于安徽涡阳，落居长沙。高级园林工程师，中外著名的山水盆景艺术家，堪称国内庭山造园艺术大师，中国创新山水盆景开创人之一，湖南庭山造园古建园林有限公司艺术总监，安徽省浩枫园林景观工程有限公司技术总监，湖南合达园林有限公司技术总监。长沙华夏园林盆景艺苑园主。至今在国家级报刊杂志上发表过上百件盆景佳作。多次在国际、国内盆景大赛展览会上荣获大赛特别奖、特殊贡献奖以及金奖、银奖、荣誉奖等。幼时即萌生地理、美术之兴趣，随岁增而志趣愈浓，以自然素材为根，以传统文化为枝干，四十多年来生发不断，以创新之心巧剪精修，营养充实，或花果挂于枝头，独乐不如众乐，与友共赏，以悦身心。韩琦先生山水盆景创作内外兼修，在效法自然、学习传统的基础上，擅长对山水盆景、树桩盆景、水旱盆景材料和技法上创新，不断突破自我，其作品新意频出，为传播和提升山水盆景与水旱盆景文化作出巨大贡献。在欣赏韩琦的盆景作品过程中，能感受真善美的人性之光，感受到扑面而来的时代精神，或许这就是天人合一，让心灵回归自然。

庆祝中国人民解放军建军95周年
暨2022联合国国际和平日

联合国世界非物质文化遗产保护基金会
UN WORLD INTANGIBLE HERITAGE PROTECTION FOUNDATION

欧洲集邮协会
EU PHILATELY ASSOCIATION

# 盆景艺术交流活动

2021年6月，中国花卉协会副会长赵良平为笔者颁发大赛特别贡献奖

2021年6月，上海崇明区委书记李政（右1）为笔者等人颁发大赛特别荣誉奖

2019年9月，笔者与赵庆泉大师、张德明大师、杨瑞仁教授在贵州遵义国际盆景展交流

2018年5月，韩学年大师和夫人来长沙，同成明辉先生在笔者盆景园进行交流活动

2021年4月，施勇如会长与严海泉主任来长沙，精心细致地交流笔者盆景

2018年4月，笔者与韩学年大师在长沙湘园盆景店里交流

2021年1月，笔者与徐昊大师一起在长沙成明辉盆景园进行交流活动

2020年12月，徐昊大师和夫人一起来长沙笔者盆景园区探讨交流树桩盆景

2021年1月，徐昊大师与宾洪先生一起在长沙笔者盆景园区探讨创作山水盆景

2021年7月，在第三届中国杯盆景大赛现场，笔者与张志刚大师交流新作《南湖览胜》

2021年7月，在第三届中国杯盆景大赛现场，笔者与张志刚大师和他的徒弟黄守贤先生交流新作《长城雄姿》

2021年7月，笔者到深圳林鸿鑫大师盆景园进行盆景交流并合影。右起：陈冠宏、韩琦、林鸿鑫、郭少波、黄山玮

2021年7月，笔者同郭少波先生到深圳苏克非先生盆景博物馆参观交流

2021年10月，在湘潭磐龙山庄盆景园，笔者与"盆友"宾洪、李石强、成明辉、冯友根、赵延安 2022年4月，笔者到江西于都陈锡松先生盆景园交流指导
进行盆景交流

2021年4月，中国花卉协会盆景赏石分会施勇如会长与郝继锋秘书长，到笔者 2018年4月，水石设计师谭希在长沙笔者山水盆景园交流合影
盆景园交流

2016年10月，在第七届安徽省花卉博览会上，与外甥刘启付一起同省绿化办主任张新法与黄成林先生在盆景前交流合影

2022年3月，笔者在湘潭磐龙山庄盆景园区

2020年11月，笔者在李云龙大师盆景园门前交流合影

2019年10月，笔者在长沙假山水景施工现场，与园林设计师李自力先生合影留念

# 盆景艺术培训活动

2023年3月，笔者和夫人彭妹芝、女儿韩静在长沙盆景园合影

2021年10月，笔者与徒弟成合平在湖南盆展合影

2023年6月，笔者在南岳假山旁留影

2016年10月，外甥刘启付在安徽阜阳展区笔者的盆景前留影

2016年10月，笔者在安徽阜阳展区现场指导外甥媳妇李培培制作山水盆景

2023年7月，学员孔维虎在长沙盆景园区检查病虫害

2023年7月，笔者的内侄女彭薇在南岳衡山盆景园区修剪树桩

2023年4月，笔者在南岳避暑山庄同胡泉水兄弟、徒弟们在盆景园合影留念

2023年4月，笔者在长沙盆景园修剪不同树桩的造型

2023年4月，笔者的女儿韩静（13岁）在长沙给树桩盆景修剪、整型

2023年4月，笔者的表侄周永恒在浙江台州盆景园修剪树的造型

2023年4月，学生刘家旺在长沙盆景园做盆景护理

2017年9月，员工郭云峰（安徽蒙城小涧人）与帮手郑忍（安徽颍上人）在江苏靖江盆景展区制作表演

2023年2月，笔者在长沙园景园内精心挑选盆景石素材

2023年4月，笔者的夫人彭妹芝在长沙盆景园为盆面铺设不同类型的苔藓

2023年4月，笔者在南岳避暑山庄同夫人彭妹芝、女儿韩静在盆景展区合影留念

164

2023年4月，笔者在长沙盆景园指导学员田开云修剪树桩

2023年4月，笔者在长沙指导学员苏文慧修剪树桩盆景

2023年5月，学员范苏风在长沙盆景园区修剪丛林式作品

2022年8月，笔者培训并指导锡园不同石料的假山与山水盆景创作，内训第二期，理论与实践相结合。培训学员：刘华成、罗理、李凯、李锦程等

2023年4月，笔者在长沙指导徒弟胡宜章制作山水盆景

2023年4月，徒弟成合平和妻子胡燕姣与杜凌梁在湖南衡东盆景园创作山水盆景

2023年5月，员工谢振强在安徽涡阳龙山风景区盆景园精心创作山水盆景

2023年3月，学员赵聚雄在湖南衡东盆景院内修剪盆景

2023年4月，学员向东方在北京丰台区盆景园修剪整型

2022年9月，学员余龙飞在湖南省精品盆景展会上创作山水盆景

2023年5月，学员王小刚、曹庆在湖北黄石金山盆景园，创作山水盆景

2023年5月，学员易拥军在湖南株洲大京盆景园内切割石料，制作山水盆景

2023年3月，学员卢术在长沙盆景园内修剪树桩盆景

2023年4月，学员刘双宇在长沙盆景园给盆景浇水、施肥

# 假山水景艺术交流与培训活动

2023年6月，湖南韩琦时代园林景观工程有限公司

2023年6月，笔者南岳盆景室内展馆一角

2023年6月，笔者南岳室外英德石假山水景（长1200cm、高380cm）

2021年7月，英德石假山效果图（高280cm）

2023年7月，笔者南岳盆景园龟纹石假山
（高168cm）

2023年7月，笔者南岳盆景园英德石假山
（高180cm）

2023年6月，南岳太湖石假山正面（高160cm）

2012年，长沙英德石叠山（高290cm）

1999年6月，笔者在安徽阜阳创作的自然式假山水景（湘西太湖石）（高190cm）

2021年，宁乡英德石峰山（高280cm）

2020年8月，笔者在苏北设计水景一角（太湖石）（水池长7800cm）

2022年6月，长沙锡园笔者水景培训基地一角，宾洪水景设计师摄影（池子长约900cm）（黄蜡石）

2012年7月，笔者在赣北创作自然式红秀石假山一角（长1200cm）

2022年6月，锡园培训内训第一期。右起：刘华成、笔者、李凯、罗理

2023年7月，笔者的内侄彭纪元在南岳衡山的假山前留影

2022年6月，长沙锡园董事长李安明与设计员余龙飞在观看笔者创作的山水和水旱盆景

2014年1月，笔者在长沙碧桂园雕塑水泥树桩、水泥护栏、水泥塑石与水泥竹子

2023年6月，笔者创作的衡山南岳英德石假山水景一角（高390cm）

2017—2018年，人造自然水景，笔者园林设计员余龙飞在长沙、湘潭等地创作摄影

2019年9月，笔者在黔西壑谷拍摄的人造水景与自然溪流

2023年8月，园林设计员韩登刚在湘潭岳塘区，笔者早年塑石假山壑凹留影

2019年10月，水石设计师谭希在浏阳周洛大峡谷里，拍摄的自然景观与人造水景

2016年12月，笔者在黔西创造自然式假山水景一角，高520cm（龟纹石）

2016年12月，笔者在鄂西创作自然式假山水景一角，高398cm（木化碳石）

2009年9月，笔者公司设计师李自力在长沙宁乡碧桂园设计大型水景效果图一角，笔者制作，水溪长3000cm（千层石）

2017年5月，笔者在川南创作自然式峰山水景，高430cm（龟纹石）

2020年3月,笔者在长沙创造自然式假山水景效果图一角,高299cm(白云石)

2023年8月，笔者在长沙制作英德石假山水景效果图，高388cm

2021年7月，园林设计师黄山玮在川西拍摄的峡谷水景

# 微信公众号观众留言

**陈茂芳** 👍 14

值中国共产党建党百周年之际，韩琦老师的"红色"盆景造化之功，真可谓是神来之笔，以红色基因为主题，以写实的思维导图，加以山水盆景的传统技法和现代元素，将中国共产党的光辉历程以大型山水盆景的形式、历历在目地呈献在人们眼前，告诉我们要不忘历史、砥砺前行。韩琦老师的"红色"盆景亦可谓是中国盆景界的一座珠峰。不忘初心，方得始终，是一代又一代共产党人的历史使命。我何其幸生于华夏，是韩琦老师对祖国母亲的报答。人民有信仰，民族有希望，国家有力量。

**永生** 👍 4

韩先生在建党百年时获盆景特别贡献大奖，实至名归，看似偶然，其实必然，再次说明韩先生的盆景艺术造诣功底深厚，方可运作自如，尤其在以党建为题材方面如《南湖览胜》《延安颂》等作品惟妙惟肖，特别是创造《大渡桥横铁索寒》盆景主配峰之间系悬挂十三根单薄铁链，用盆景自身汉白玉留白为水，巧妙做一小船使整体景象活了起来，立体感特别强，赏之有身临其境之感。妙！这就是大师！👍

**像风一样自由** ⋯ 👍 6

观赏韩大师作品，如见大师处世为人！平易近人，有大师风骨，却无大师架子！后生晚辈向他求教总是细心传授，从不保留！只要喜欢盆景艺术的人，总是真心真情相待！……自己却衣食简朴、淡泊名利、低调为人，虽偏安一隅，大隐于市。却心系万里山河，情系山石树木！几十年如一日地追求美好！……心存美好，才能创造美！……大师的真性情无不表露在作品中，自然不失法度，细微却成大美！浅出深入地展现出盆景艺术的上乘境界！艺术境界应是纯洁的，有好的人品！就会有好的作品！！！

**老廖** ⋯ 👍 1

韩琦老师的作品，把山川大河淋漓尽致地表现于盆中。大师之作，美不胜收。👍👍👍

**乘风破浪** 👍 1

顶极大师，精采呈现！👍👍👍

**肖远长** 👍 1

难得的理论与实践并重的文章！我想韩琦先生也是一位德高望重的盆景大师，能受益门下，也是莫大的荣幸！😊

**逸景斋** 👍 4

韩先生是将现代的高速公路景观与传统司空见惯的山水盆景融为一体，既继承了传统，又与时俱进，给人耳目一新之感。创新才有所发展，创新才有生命，创新是永恒的，无限的！

**田园桩公罗会江** 👍 3

韩老师的盆景可谓吸天地之精华，其创作已经达到了可以随心而至、随心所欲的境界！

**老杨703** 👍 5

山水盆景像"一幅画，一首诗"，这些看来比以前进步，尤其，挂屏，有方形，有圆形，做得精致。"勾勒"，其景物之妙，处处成景，少可以胜多，小可以见大。江山如娇，望长城内外……

**情寄山川** 👍 13

精品啊，老师，你辛苦了，冰冻三尺非一日之寒，一木不能成林，一石不可太华千寻，只有丛林方能展示茫茫林海，只有群峰才能体现万水千山。真棒，祖国的大好河山，尽在眼前。

**今日得宽余** ⋯ 👍 11

神峰竞秀美如画，
旭日朝晖映泰山。
六十新作迎庚子，
烟雨三月写江南。

**老赵** 👍 9

匠心人韩老师在党的100周年庆，再创了新的辉煌，做出了更重要的作品迎接党的生日，韩琦老师你真不愧是匠心杰出大师。道一声韩老师您辛苦了，给你点赞！👍👍👍👍👍

**曾克勤** 👍 5

韩琦老师系列作品，尊重自然与和谐。几十载的耕耘，创新，传承，把中华盆景事业推向至高无上的新时代，新境界！我的国，江山如画，更如此多娇！！🌹🌹👍👍👍

**青春岁月** 👍 6

韩琦老师作品想象力非常丰富，生活美和大自然美有效结合，给人一种亲切真实的感觉和美的享受！

**刘坤泉** 👍 4

天道酬勤！韩老师不愧盆艺大家！！👍👍

**毛武远** 👍 3

老辣，诗情画意，创新，年功十足👍👍👍

**陈荣中·泊风园** 👍 2

中国山水盆景第一人！👍👍👍

# 观韩老师作品有感

人与人之相遇是缘，人与山水盆景之相遇是回归自然。

2005年，我在深圳一个园林公司做设计师，韩琦老师受此公司邀请，为其盆景园制作山水盆景，制作完成之后，让我为此拍照、撰文，并将盆景作品向几家杂志社投稿，这样我们自然就认识了。《山河锦绣》《峨眉金顶》《寒江图》等作品就是这个时候创作的。

韩琦老师1961年10月出生于安徽涡阳，那里是一代先哲老子故里，受老子"道法自然"思想潜移默化之影响，韩老师天性纯朴率真，善于观察，勤于动手，从小就对山野田间自然之物具有浓厚兴趣，六七岁时，观想自然山形，以泥塑之，山旋即成形，其又自田中挖来小树小草，将其植于山上，玩得不亦乐乎。泥山易塑，只怕雨淋，待年龄稍长，力气渐增，他又爬山捡石，装麻袋背回，于院中渐堆成山，搞起了造山试验，一块块山石，经其一番构想后凿开分解，又重新组合成一座座的小山型，虽是微缩的山，渐有真山的意趣，乐此不疲，玩着玩着，一发不可收，竟以此为业了。一回首，四十春秋，山高路远，风雨兼程，那攀过的山，看过的景，都纳入盆中，重新生成，就这样做着、看着，心中生起对山水的崇敬。

2009年，我回山东过年，大年初六，雪停天晴，即起身前赴涡阳拜访韩琦老师。既至其处，韩老师拿出20世纪90年代的山水盆景作品照片给我看，一边看，一边给我讲解其创作过程。照片上件件盆景生动再现了中国山水种种风貌，又进行了高度简化提炼，山屋路桥、远船近车，无不刻画

细致，还原了自然与社会风貌之发展变迁。原来，韩老师幼时之兴趣，一直未曾磨灭，竟与日俱增。忆聊当年，二十多岁时，其为提升制作技艺，广读盆景书籍，遍访名师，将众多门派技法了然于心，继而不断摸索新路。其难能可贵之处，是对中国山川地理及地质学有颇深研究。青春岁月，为开阔眼界、获取自然山水之变化规律，体察中国各地的地质地貌，数年间，常孤身一人穿行于风景名胜及野山苍水之中，风餐露宿，不辞辛劳，之谓求真务实，为山水盆景之创新打下坚实基础。可谓：

山水真趣本自然，其中妙理入心间。
只因热爱痴不减，一路艰辛作笑谈。

韩琦老师盆景艺术创作之路，始终立足于自然，不断突破、创新。他常说："中国盆景美在自然之物，美在自然之理。"从山水盆景这一主题类型来说，既然是山水盆景，就要师法自然、超越自然、回归自然，这是三重境界。

近年，韩琦先生孜孜以求，往来无休，采撷一木一石，采自山野或至人栽，林林总总，总能视其材质，思虑创意，精修细凿，组合有致，而近上品。

上品者，即达自然之至美也，亦谓之人品高洁脱俗者也。

物以类聚，人以群分，古往今来，多少文人雅士居于市井，而醉心于山水之间，或贤贵或寒门，于方寸之所，置一盆一景于厅堂台几，伴随日月轮转，清风雨露之调和光阴冷暖，目光游弋，远观近赏，一颗心为之浮动，为之宁静，或与琴、棋、书、画、曲、茶同乐，其乐融融，或一人独乐孤品抑或群乐众品，各得其乐。山水无大小，皆为有情生，一片清凉意，尽在阿睹中，人若有高趣，不在高处寻，赏得上品景，自修真性情。

五品者，五类也。

一品山水盆景。

天下大事，必耕于细，然造景小事不必察其细乎？吾曾观韩老师造景有感，若缩山河大地于盆中，置石成景，必以自然风骨为体，以传统国画山水之意韵为魂，先立其意，再备料用工，往往大小高低、品相质地之选用取舍，皆在精微毫厘之间，取之天然，各各不同，用之细作，塑零为整，一盆山水复归天成。非亲历不知盆中山水成之不易也。

二品树木盆景。

以蟠扎、修剪、嫁接等技艺，对树桩进行艺术加工，或孤植或群栽，常以书法线条节奏变化为参照，作其动态，在苍翠生机中展现生动多姿，是应用最广泛，历史最为悠久的传统盆景门类。

三品树石盆景。

崇山峻岭，茂林修竹，在《兰亭序》中，书圣借由观景而为之赞叹。山以石为骨，以树为肤，树与石相依相生，景观之意、观景之情，从古到今，未曾改变。

四品水旱盆景。

水旱盆景结合了树木盆与山水盆景，以植物、山石、水、土为材，丰富内容，合理布局，突出其主题景物，通过加工、重组，将山石与水土隔开，在浅盆中表现出水面、陆地、树木山石兼而有之的景象。

五品挂壁盆景。

盆景变壁画，虚实相映生。

真石立体置前景，高远山色隐云中。

九天银河化飞瀑，山河大地仙境中。

观韩师新作，以上一至五品，山水树石皆成景，可谓多姿多彩。

春风落峡迎旭日，高山留云绕苍松。

幽幽清溪环碧树，丛林曼舞伴涛声。

名山秀水称其美，无名野趣亦天成。

遥望江山多神秀，尽得自然造化功。

看今朝，惠风去又来，天朗气自清。

近作之一盆一景，清新明丽，正合其时，共奏和声。

执自然之道，迎时代之新，创山水奇境。

如何在山水盆景中反映时代之变迁，展现新时代风采，亦为韩老师创新方向之一。观韩老师近作，借一句"无边光景一时新"，可圈可点。

其一新，时代之新。是祖国伟大、繁荣、富强之新，安庆祥和、前所未有之"首新"，新风吹拂神州大地，也必将唤醒那期待已久百花齐放之盛景。土冻则不生，风寒则不长，春风暖阳之日，更有四方游客纷至沓来，踏青怡情。山水盆景，中国优秀传统艺术百花园中一朵奇葩，也即将迎来一个崭新花季。

又一新，韩师移山，盆中易景，源于传承与创新。山河本无边，缩盆必出新是其志。创新非一日之功，看似妙想偶得，实则源自其四十余年对山水盆景事业之艰辛探索、默默耕耘之所形成的深厚积淀。是在深研传统技法、熟操各风格流派精华之上的重组与再造。

韩师作品之创新，更源于其作为一位民间艺术家的主动与自觉，对于创新是发自内心，由内而外的。从大自然物理变化之中采得天地之灵气，从诗、书、画中寻得中国文化之根，并从中国新时代的发展巨变中获得力量。如近作中运用长城、泸定桥、珠江三角洲之中的立交桥等人文景观元素，在一盆盆自然景观中，中华民族的勤劳智慧和中国精神历历在目，跃然盆上。微小的布景中这些看似不起眼的道具，用大小石块一点点切割、拼接、粘贴、上色，并反复调整，为了一件让自己满意的作品，有时会花上几个月时间来精心打磨、塑造。可谓慢工出细活，尽精微、致广大。观其作，是匠心、是真情，是其功到自然成。

传承与创新，如太极之阴阳两面，阴阳合，大美生。韩琦老师，如孤独之探路行者，远离喧嚣，静观自然山水之象，造盆中山水之意，得心中山水之乐，独守其乐，不如众乐乐！愿这份坚守所呈现的清静之乐能够分享给更多的好友，愿韩师盆景艺术再辟新天、皆达妙品！

观之盆中景，悦之自然心。

置身新时代，砺创新风采！

黄山玮

2023 年 3 月 20 日